BEI GRIN MACHT SICH IHR WISSEN BEZAHLT

- Wir veröffentlichen Ihre Hausarbeit, Bachelor- und Masterarbeit

- Ihr eigenes eBook und Buch - weltweit in allen wichtigen Shops

- Verdienen Sie an jedem Verkauf

Jetzt bei www.GRIN.com hochladen und kostenlos publizieren

Ernst Probst

Drachen. Wie die Sagen über Lindwürmer entstanden

GRIN Verlag

Bibliografische Information der Deutschen Nationalbibliothek:

Die Deutsche Bibliothek verzeichnet diese Publikation in der Deutschen National-
bibliografie; detaillierte bibliografische Daten sind im Internet über http://dnb.d-
nb.de/ abrufbar.

Impressum:

Copyright © 2012 GRIN Verlag GmbH
Druck und Bindung: Books on Demand GmbH, Norderstedt Germany
ISBN: 978-3-656-26102-5

Siegfried tötet den Drachen Fafnir,
Zeichnung von Arthur Rackham (1867–1939)
in „Siegfried and the Twilight of the Gods" (1911)
von Richard Wagner (1813–1883),
übersetzt von Margaret Amour

Ernst Probst

Drachen

Wie die Sagen
über Lindwürmer
entstanden

*Meinem Enkel Max Werner
und meiner Enkelin Paula Werner
gewidmet*

Inhalt

Der siebenköpfige Drache,
Holzschnitt von Albrecht Dürer (1471–1528),
Original in der Kunsthalle Karlsruhe

VORWORT

Ausgeburten der Phantasie

Drachen haben zu keiner Zeit die Erde bevölkert. Sie sind nur Ausgeburten menschlicher Phantasie. Zur Entstehung der Sagen über Drachen trugen in früheren Jahrhunderten vor allem Funde prähistorischer Tiere – wie Mammute, Fellnashörner und Höhlenbären –, deren wahre Natur man ehedem nicht erkannte, bei.

Im Gegensatz zu einst tatsächlich existierenden Tieren – wie den vor etwa 65 Millionen Jahren ausgestorbenen Dinosauriern und Flugsauriern – sind Drachen aber nicht auszurotten. Der Wiesbadener Autor Ernst Probst hat das Taschenbuch „Drachen" seinem Enkel Max Werner und seiner Enkelin Paula Werner gewidmet, die sich beide für Monster besonders interessieren.

Grab von Karl Georg von Raumer
(1783–1865)
auf dem Neustädter Friedhof in Erlangen.
Raumer hielt Fossilien
für verunglückte Probeschöpfungen
der Natur.

Es war nicht die Spur von Noahs Raben

Kuriose Irrtümer in der Geschichte der Paläontologie

Die Geschichte der Paläontologie, der Lehre vom Leben in der Urzeit, ist voller skurriler Irrtümer. Lange wollte niemand glauben, dass die Reste von prähistorischen Pflanzen und Tieren viele Millionen Jahre alt sind. Es vergingen etliche Jahrhunderte, bevor allerlei merkwürdige Erklärungen über die Entstehung von Fossilien als Unsinn erkannt wurden.

Eine der frühesten Fehldeutungen von Fossilien unterlief dem griechischen Philosophen Aristoteles im 4. Jahrhundert v. Chr. Er verkannte solche Urzeitfunde als „Figurensteine", die durch schöpferische Kräfte im „Urschlamm" entstanden seien.

Anhänger der Sintfluttheorie betrachteten im 17. Jahrhundert die Versteinerungen als bei dieser biblischen Naturkatastrophe ertrunkene Lebewesen. Der Rechtsprofessor Philipp Ernst Bertram (1726–1777) aus Halle/Saale meinte 1766, Gott habe Fossilien in den Boden gelegt – womöglich, um diejenigen zu prüfen, die an der göttlichen Schöpfung zweifelten. Und der Breslauer Mineraloge Karl Georg von Raumer (1783–1865) war 1819 felsenfest davon überzeugt, dass Fossilien verunglückte Probeschöpfungen der Natur seien.

Basilius Besler (1561–1628)

Alle diese frühen Forscher irrten. Aber das war kein Wunder, wenn man den kulturhistorischen Hintergund ihrer Zeit betrachtet. Noch anno 1650 war man sich allgemein einig, dass die Erde wenig mehr als 5500 Jahre alt sei. Der irische Erzbischof James Ussher (1581–1656) zum Beispiel hatte damals errechnet, die Schöpfung habe am 23. Oktober des Jahres 4004 vor Christi Geburt exakt um 9 Uhr begonnen.

Niemand zu Usshers Lebzeiten ahnte, dass die Reste von Pflanzen und Tieren in den Solnhofener Platten aus Bayern, die 1616 erstmals von dem Nürnberger Apotheker Basilius Besler (1561–1628) abgebildet wurden, etwa 150 Millionen Jahre alt sind. Die prächtigen Dendriten auf dem Solnhofener Kalkgestein wurden im 17. Jahrhundert als Moos gedeutet. In Wirklichkeit handelte es sich dabei um verästelte Kristallbildungen auf Schichtfugen und Kluftflächen, die aus eisen- und manganhaltigen Lösungen entstanden. Ihre Form ähnelte tatsächlich Moos, Sträuchern oder Bäumen. Außerdem beschrieb Besler eine „Spinne", die hundert Jahre später als ein Meerestier entlarvt wurde, das mit Seesternen und -igeln verwandt ist. Völlig falsch beurteilt wurden auch Urweltfunde aus dem Rhein. Ein Wormser Bürger etwa meinte 1689: „Es ist unleugbar, dass große und mehr als 20 oder 30 Schuh lang gewesene Riesen und Drachen an dieser Rheingegend sich nicht selten aufgehalten haben, indem ein dergleichen Riesenbein anno 1635 im Rhein gefunden, ich selbstens zu Wormbs gehabt, nach welches abgeteilter Proportion der Mensch mehr als 30 Schuh lang müsste gewesen sein." Ein Schuh oder ein Fuß galt damals als Längenmaß von etwa 30 Zentimeter. Demnach wäre der

*Dendriten wurden früher
als Pflanzen fehlgedeutet.*

Wormser Riese etwa neun Meter groß gewesen. Heute weiß man, dass es sich vermutlich um einen Mammutknochen handelte. Mancher stolze Entdecker von Fossilien (der Begriff stammt aus dem Lateinischen: fossilis = ausgegraben) erntete einst statt Anerkennung nur Hohn und Spott, wie beispielsweise der Londoner Apotheker Conyers, der 1715 nahe der britischen Hauptstadt im Kies eines längst ausgetrockneten Flusses einige Elefantenknochen und dicht daneben einen roh behauenen spitzen Stein fand. So etwas passte nicht in das damalige Weltbild. Deshalb wurde in den Kneipen viel über diesen Fall gewitzelt.

Unter anderem wurde gemutmaßt, es handle sich um einen ausgerissenen Zirkuselefanten, der jämmerlich umgekommen sei, weil ihm die britische Kost nicht bekam. Der Apotheker glaubte schließlich einem Freund, der die Elefantenknochen in die Zeit des römischen Kaisers Claudius (10 v. Chr.–54 n. Chr.) datierte, der Elefanten über den Kanal gebracht habe, um die Briten zu unterwerfen. Daraufhin wurden die Knochen und der Stein in ein Raritätenkabinett gebracht und als „Funde aus der Römerzeit" bezeichnet.

Auch die Bedeutung der ersten dokumentarisch belegten Entdeckung von Dinosaurierspuren in Nordamerika wurde zunächst nicht erkannt. Als dem zwölfjährigen Farmersohn Pliny Moody (1790–1868) im Herbst 1802 dieser Fund glückte, war der Begriff Dinosaurier noch gar nicht bekannt, er wurde erst 1841 von dem Londoner Paläontologen Richard Owen (1804–1892) vorgeschlagen.

Pliny Moody hatte beim Pflügen eines Feldes unweit von South Hadley im US-Bundesstaat Massachusetts

*Im Herbst 1802 wurden
in South Hadley (Massachusetts)
die ersten Dinosaurierspuren Amerikas entdeckt,
jedoch zunächst verkannt.*

einen umgestoßenen Felsbrocken erblickt, auf dem der Abdruck von drei riesigen Zehen zu erkennen war. Sie ähnelten Spuren von Vögeln, die über Schlamm oder Sand gelaufen waren. Die Menschen von South Hadley redeten viel über diesen sonderbaren Fund, bis einer von ihnen auf die Idee kam, es könne sich um Fußspuren jenes Raben handeln, den Noah nach der Sintflut ausgeschickt hatte, um trockenes Land zu suchen.

Weit von der Wahrheit entfernt war auch der englische Antiquar Edward Lluyd (1660–1709), der 1689 den ersten Fund eines Fischsauriers als „Lithophylacii Britannici ichnographia" bezeichnete. Lluyd hielt den Fischsaurier, der vom Aussehen her heutigen Delphinen ähnelte, für einen Fisch besonderer Art. Er meinte, wenn das Meerwasser verdunstet, dann gerieten auch Fischeier in die Wolken und würden später mit dem Regen auf das Festland fallen. In den trockenen Erdschichten, so erklärte er, würden sich aus ihnen keine normalen Fische entwickeln, sondern solche aus Stein. Alle Fossilien wären nach dieser Deutung keine Lebewesen aus Fleisch und Blut, sondern seltene Naturspiele, zusammengebacken aus Rogen, Samenluft und von Meeresdünsten imprägniertem Gestein.

Über diese Theorie lächelte einige Jahrzehnte später ein anderer Entdecker eines Fischsauriers, nämlich der Zürcher Stadtarzt und Chorherr Johann Jakob Scheuchzer (1672–1733) – doch heute schmunzelt man auch über ihn. Scheuchzer erklärte nämlich allen Ernstes, mehrere unter dem Galgenberg der fränkischen Stadt Altdorf geborgene Wirbel gehörten zum Beingerüst eines verruchten Menschenkindes aus der Sintflut, um dessen Sünde willen das Unglück über die Welt hereingebrochen sei. Ähnlich äußerte er

Johann Jakob Scheuchzer (1672–1733)
hielt fossile Tierreste
für Knochen in der Sintflut
ertrunkener Menschen.

Johann Jacob Baier (1677–1735)
hielt Ichthyosaurierknochen
irrtümlich für Fischwirbel,
Porträt von Georg Martin Preißler (1700–1754)

Bild auf Seite 23:

Flugblatt des Zürcher Stadtarztes und Chorherrn
Johann Jakob Scheuchzer (1672–1733)
um 1726 mit der ältesten Darstellung
eines fossilen Riesensalamanders
aus Öhningen am Bodensee.
Scheuchzer verkannte diesen Fund
als Gebeine eines in der Sintflut
ertrunkenenen Menschen (Homo diluvii testis).

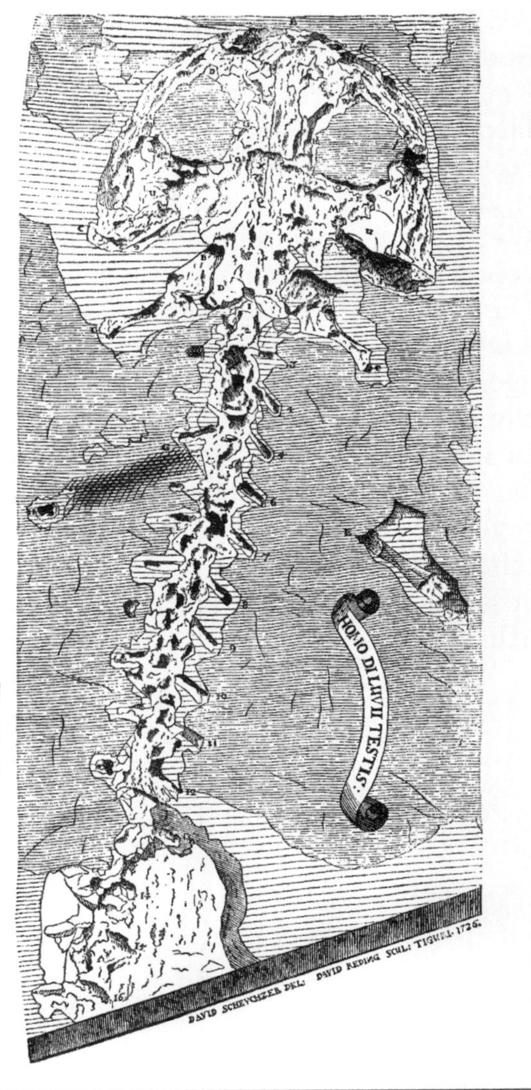
HOMO DILUVII TESTIS.
Bein-Gerüst
Eines in der
Sündflut ertrunkenen
Menschen.
PES PARISINUS.
HOMO DILUVII TESTIS.
DAVID SCHEVCHZER DEL: DAVID REDING SCUL: TIGURI. 1726.
Joh. Jacobi Scheuchzeri, Med. D. Math. P.
David Reding / Formschneider.
Im Jahr nach der Sündflut MMMM XXXII.

sich 1726 über fossile Reste eines Riesensalamanders aus den tertiären Süßwasserablagerungen von Öhningen am Bodensee.

Um 1712 wies der Altdorfer Arzt und Mineraloge Johann Jacob Baier (1677–1735), der die Gesteinsbildungen und Fossilien der Jurazeit in Ober- und Mittelfranken untersuchte, zu Scheuchzers großem Ärger nach, dass solche gehöhlten Wirbelpaare nie und nimmer den Körper eines Menschen getragen haben konnten. Baier bestimmte die Ichthyosaurierkochen als Fischwirbel.

Allmählich zogen immer mehr Paläontologen die richtigen Schlüsse über die Fossilien. Sie verglichen die Knochen mit heute lebenden Tieren und kamen vielfach zu immer noch gültigen Erkenntnissen. Schließlich bot die Evolutionstheorie von Charles Darwin (1809–1882) gegen Ende des vergangenen Jahrhunderts den theoretischen Hintergrund für die korrekte Interpretation der Fossilienfunde. Vor Irrtümern sind die Paläontologen freilich auch heute noch nicht völlig gefeit.

Babylonischer Drache,
Relief aus glasierten Ziegeln
am Ishtar-Tor aus der Zeit von 605 bis 562 v. Chr.,
Original im Pergamonmuseum in Berlin

Drachen sind
meistens Jägerlatein

Wie die Sagen über Lindwürmer entstanden sind

Riesengroß, den furchterregenden Rachen weit aufgerissen, geifernd, Feuer speiend, die Luft verpestend und wild mit dem kräftigen Schwanz um sich schlagend – so wird der Drache in vielen Märchen und Sagen beschrieben. In den germanischen Mythen beispielsweise kämpfte Thor, der Gott des Donners, gegen die Midgardschlange. Der Drache Nidhögg nagte an den Wurzeln der Weltesche Yggdrasil, bis sie in der Götterdämmerung zusammenstürzte. Und der Held Siegfried von Xanten tötete den Riesen Fafnir, der in Drachengestalt einen großen Goldschatz hütete, der später als Nibelungenhort eine Rolle spielte.
In Indien priesen Sänger den Sieg des Gewittergottes Indra über die Vritra-Schlange: „Kläglich wie ein geknicktes Rohr liegt der Drache." Bei den Griechen bezwang der Gott Apollon den Python-Drachen, und der Halbgott Herakles tötete die neunköpfige Lernäische Hydra. Die Sumerer rühmten den Blitze schleudernden Göttersohn Marduk, der die Urgöttin der Finsternis, das Meeresungeheuer Tiamat, in zwei Teile spaltete, aus denen er dann Himmel und Erde bildete. Und der semitische Fruchtbarkeitsgott Baal erschlug den Chaosdrachen, den „Fürsten Meer", mit einer Zauberkeule, wie auf 3 000 Jahre alten Tontafeln von

Gravierung „Adam und Eva"
von Albrecht Dürer (1471–1528) von 1504,
Orginal im British Museum, London

Ugarit zu lesen ist. Ähnliche Beispiele ließen sich in Hülle und Fülle aufführen.

Zu den ältesten sumerischen Darstellungen von Drachen gehören Motive auf Rollsiegeln aus der Uruk-Zeit. Sie zeigen Mischwesen, die oft im Bilderrepertoire des alten Orients zu finden sind. Damals gab es zwei drachenartige Grundtypen, nämlich Schlangendrachen, die teilweise einer Schlange ähneln, gegen Ende des vierten Jahrtausends v. Chr. und Löwendrachen, die häufig aus Elementen von Löwen und Vögeln zusammengesetzt sind, zu Anfang des vierten Jahrtausends v. Chr. Man hielt sie weder für Götter noch für Dämonen, sondern ordnete sie einer eigenen Klasse übernatürlicher Wesen zu, die im Zusammenhang mit dem Tierreich oder mit den Naturgewalten standen. Mal traten sie als gefährliche oder als beschützende Wesen auf. Siegel aus der Zeit um 2500 v. Chr. zeigen den Drachenkampf. Als Drachentöter werden in mesopotamischen Texten des späten dritten Jahrtausends v. Chr. lokale Götter erwähnt.

Drachen und Schlangen gelten in der Bibel als Sinnbilder des Bösen. Die Schlange tritt im Paradies als Widersacher der ersten Menschen auf und erreicht es, dass Adam und Eva daraus vertrieben werden.

Im Alten Testament ist von Landschlangen und schlangenartigen Meeresdrachen namens Tannin die Rede. Als zwei besonders gefährliche Schlangendrachen aus dem Meer betrachtete man Leviathan und Rahab. Leviathan war mit Litanu, dem Widersacher des semitischen Wetter- und Himmelsgottes Baal, verwandt. Rahab soll mesopotamische Wurzeln haben. Im Alten Testament zerschmettert der Gott Jahwe den Drachen, zähmt das Meer und begründet die kosmische Ordnung. „... warst Du es nicht, der den Rahab in

*Zeus schleudert den beschwingten Blitz
gegen Typhon,
Seite B von einer schwarzfigurigen
chalkidischen Hydria um 550 v. Chr.,
Orginal in den Staatlichen Antikensammlungen,
München*

Stücke schnitt, der den Tannin durchbohrte?" heißt es in Jesaja 51,9. Auch den ägyptischen Pharao als Feind Gottes vergleicht man mit einem Drachen (Tannin). Im „Buch Daniel" werden Visionen endzeitlicher Löwendrachen geschildert.

Im Christentum scheinen die im Alten Testament erwähnten Tierdämonen verschwunden zu sein. Der Satan hat nun Menschengestalt und allenfalls noch Pferdehuf und Hörner als tierische Attribute. Aber auf den letzten Seiten des „Neuen Testaments", in der „Offenbarung des Johannes", erscheinen die chaotischen Tiergestalten der Apokalypse mit ungeminderter Kraft . Da ist wieder das siebenköpfige Ungeheuer, der große Drache, die alte Schlange, die Teufel heißt, der Satan, der die ganze Welt verführt. Aber es erscheint auch wieder der siegreiche Held, der den Kampf aufnimmt: Erzengel Michael und seine Engel gewinnen die Schlacht, und so wird der Drache mitsamt Gefolge auf die Erde gestürzt, wo er die Menschen peinigt und sich seine Opfer sucht, bis man ihn am Ende der Tage fesselt und in den Schwefelpfuhl wirft.

Die altgriechischen Drachen (dracos) besaßen meistens schlangenartige Gestalt. Sie lebten im Meer oder hausten in Höhlen, trugen oft mehrere Köpfe, waren riesig und hässlich, hatten einen scharfen Blick und einen feurigen Atem, aber nur selten Flügel. Populäre griechische Drachen sind der hundertköpfige Typhon, die neunköpfige Hydra, der Schlangengott Ophioneus und Python, der Wächter des Orakels von Delphi. Der Drache Ladon bewacht die goldenen Äpfel der Hesperiden. Ein anderer Drache hütet in der Argonautensage das „Goldene Vlies". Er wird von der Königstochter Medea eingeschläfert, damit der von ihr gelieb-

*Heiliger Georg im Kampf mit dem Drachen,
Ölgemälde von Paolo Uccello (1397–1475),
Original in der National Gallery, London*

te Held Jason das Vlies stehlen kann. Perseus wiederum rettet Andromeda vor dem Seeungeheuer Ketos.

Von den Griechen und Römern haben andere den Begriff Drache übernommen. Das griechische Wort „drácon" bedeutete „der starr Blickende". Der Drache hieß im Althochdeutschen „trahho", im Englischen und Französischen „dragon" und im Schwedischen „drake". Der griechischen Astronomie verdankt man die Bezeichnung des Sternbildes Draco. Die Dracostandarte, ursprünglich ein dakisches oder sarmatisches Feldzeichen, wurde später vom römischen Heer sowie von germanischen und slawischen Stämmen der Völkerwanderungzeit übernommen.

Im christlichen Mittelalter wurde der Drache oft stellvertretend für den Teufel abgebildet. Auf Darstellungen von Teufelsaustreibungen (Exorzismen) fahren Teufel in Gestalt kleiner Drachen aus dem Mund von Besessenen heraus. Taufbecken und Wasserspeier gotischer Kathedralen werden werden von Dämonen in Drachengestalt geziert. In der „Legenda aurea", der wichtigsten Legendensammlung des späten Mittelalters von Jacobus de Voragine (um 1233–1298), werden 30 Gegner von Drachen erwähnt. Insgesamt kennt man rund 60 Drachenheilige. Unter den so genannten 14 Nothelfern gibt es drei Drachenheilige. Margareta von Antiochia wehrte den Drachen mit dem Kreuzzeichen ab. Cyriakus trieb einer Kaisertochter den Teufel aus. Als populärster unter den Drachentötern gilt der heilige Georg. Sein Kampf mit einer Lanze gegen den Drachen wurde von zahllosen Künstlern dargestellt. Viele Wappenbilder deutscher Städte mit dem Drachenmotiv sind von der Georgslegende abgeleitet. Auch Volksbräuche und Drachenfeste werden darauf zurückgeführt. Der Drache spielt beim „Further

*Detail der Skulptur „Heiliger Georg
im Kampf mit dem Drachen"
von Tilman Riemenschneider (um 1460–1531),
Original im Bode-Museum Berlin*

*Drache beim „Further Drachenstich"
in Furth im Wald (Bayern).
Dort gibt es es auch
ein sehenswertes Drachenmuseum.*

*Knauf eines Wikingerschwerts
mit Darstellungen von Drachen,
Nachbildung eines Fundes in Busdorf
im Wikinger-Museum Haithabu bei Schleswig*

Drachenstich" in Bayern, bei der „Ducasse de Mons" in Belgien und beim Feuerlauf „Correfoc" in Spanien, bei dem feuerspeiende Drachen und Teufel durch die Straßen ziehen, eine Rolle. In Metz, wo Bischof Clemens den im Amphitheater hausenden Drachen Graoully vertrieben haben soll, trug man bis zum 19. Jahrhundert eine Drachendarstellung durch die Stadt.

In der Wikingerzeit dominierte der Drache die ornamentale Bildkunst. Drachenköpfe schmückten Runensteine, Fibeln, Waffen und Kirchen. Ein Schiffstyp der Wikinger hieß „Dreki". Drachenköpfe am Bug von Wikingerschiffen, wie man sie in manchen Abenteuerfilmen sieht, sind bisher archäologisch nicht nachgewiesen.

Ab dem achten Jahrhundert nach Christus taucht der Drache in der germanischen Literatur auf. Im altenglischen Epos „Beowulf" ist von kriechenden oder fliegenden Drachen die Rede, die teilweise Schätze bewachen. In altskandinavischen Texten schützen Drachen vor feindlichen Geistern. Beschreibungen germanischer Lindwürmer passen eher zu schlangenähnlichen als zu drachenartigen Tieren. Der altisländische Begriff „linnr" und das Wort „wurm" bezeichnen eine Schlange. Die Germanen haben später die Bezeichnung und die Vorstellung des fliegenden Drachen übernommen. Besonders bekannt ist der „lintdrache des Nibelungenliedes.

„In die mittelalterlichen germanischen Quellen fließen auch Vorstellungen der nordischen Mythologie ein, wie die Midgardschlange oder Fafnir, ein habgieriger Vatermörder in Drachengestalt, von dessen Schicksal die Edda und die Völsunga-Sage berichten. Der Neid-Drache Nighöggr, der an der Weltesche nagt, ist dagegen eher auf christliche

Kampf mit dem Drachen
aus dem Werk „Mundus Subterraneus (1664–1678)
von Athanasius Kircher (1601–1680)

Visionsliteratur zurückzuführen". So ist es im Online-Lexikon „Wikipedia" nachzulesen.

Im Hochmittelalter entwickelt sich der Drache zum beliebten Gegner der Ritter. Zum Lebenslauf eines Helden – wie Artus oder Dietrich von Bern – gehört oft ein Drachenkampf. Dank seines Sieges über einen Drachen rettet ein Held entweder eine Jungfrau oder sogar ein ganzes Land, gewinnt einen wertvollen Schatz oder beweist lediglich seinen großen Mut. Manchmal erringt der Sieger die besonderen Eigenschaften des unterlegenen Drachen. So macht das Bad im Drachenblut den Helden Siegfried fast unverwundbar. Andere Drachentöter verspeisten deswegen das Drachenherz.

Mittelalterliche Naturforscher waren fest davon überzeugt, dass es Drachen gab. Die Volksheilige Hildegard von Bingen (um 1098–1179) beispielweise meinte in ihrer Naturlehre über den Drachen: „Mit Ausnahme seines Fettes ist nichts von seinem Fleische und den Knochen für Heilzwecke verwendbar". Drachen sagte man zeitweise sogar nach, sie könnten aus den Leibern erschlagener Menschen auf Schlachtfeldern entstehen, ähnlich wie Maden an Tierkadavern.

In der Frühen Neuzeit stellten Naturforscher noch detaillierte Systematiken verschiedener Drachenarten auf. Dazu gehörten Konrad Gesner (1516–1565) mit seinem „Schlangenbuch" (1587), Athanasius Kircher (1601–1680) mit „Mundus Subterraneus" (1664–1680) und Ulisse Aldrovandi (1522–1605) mit „Serpentum et Draconum historia" (1640). In „Zedlers Universal-Lexicon" (1734) las man über den Drachen, dieser sei „eine ungeheure große Schlange, die sich in abgelegenen Wüsteneyen, Bergen und Stein-Klüfften auf-

Athanasius Kircher (1601–1680),
Autor von
„Mundus Subterraneus" (1664–1678)

Ulisse Aldrovandi (1522–1605),
Autor von
„Serpentum et Draconum historia" (1640)

Dracunculis („Kleiner Drache")
aus dem Werk „Mundus Subterraneus" (1664–1678)
von Athanasius Kircher (1601–1680)

*Abbildung eines Drachen mit Flügeln
aus dem Werk „Mundus Subterraneus" (1664–1678)
von Athanasius Kircher (1601–1680)*

*Carl Sagan (1934–1996),
Professor für Astronomie
und Weltraumwissenschaften*

zuhalten pfleget, und Menschen und Vieh großen Schaden zufüget. Man findet ihrer vielerley Gestalten und Arten: denn etliche sind geflügelt, andere nicht; etliche haben zwey, andere vier Füsse, Kopff und Schwantz aber ist Schlangen-Art." Vereinzelt wurden früh Zweifel an der Existenz von Drachen laut. Der heilige Bernhard von Clairvaux (um 1090–1153) zum Beispiel glaubte nicht an Drachen. Der Bischof und Gelehrte Abertus Magnus (um 1200–1280) deutete Berichte über fliegende, feuerspeiende Wesen als Beobachtungen von Kometen. Die falschen Vorstellungen über Drachen wurden im 17. Jahrhundert von modernen Naturwissenschaften widerlegt. In der so genannten binären Nomenklatur des schwedischen Naturforschers Carl von Linne (1707–1778), die jeder Pflanzen- und Tierart einen lateinischen Doppelnamen, bestehend aus Gattungs- und Artnamen, gab, hatte der Drache keinen Platz mehr.

Die sich über einen langen Zeitraum hinziehende Gleichförmigkeit von Beschreibungen des ganze Landstriche verheerenden, Jungfrauen raubenden, meistens in einer dunklen Höhle hausenden Untieres, das schließlich von einem kühnen Drachentöter besiegt wird, erscheint Literaturwissenschaftlern, Völkerkundlern und anderen Forschern als merkwürdig. Es ist oft gefragt worden, wie es zu dieser immer wiederkehrenden Vorstellung vom Drachen gekommen ist. War es die Begegnung mit dem Krokodil oder dem Großwaran, oder waren es Funde von Knochenresten längst ausgestorbener Urzeittiere, welche die Phantasie der Menschen beflügelt haben? Oder lebt gar in den Bildern vom Drachen die Urerinnerung an prähistorische Großsaurier?

Wenn es nach Carl Sagan (1934–1996) gegangen wäre, dem Professor für Astronomie und Weltraumwissenschaften so-

Raubdinosaurier Tyrannosaurus rex
im Field Museum, Chicago

wie Direktor des Forschungslaboratoriums für Planetarische Studien an der Cornell-Universität in Ithaca im amerikanischen Bundesstaat New York, dann hätten zumindest im Garten Eden Drachen gelebt. Der Wissenschaftler sagte: „Das jüngste Fossil eines Dinosauriers ist etwa 65 Millionen Jahre alt, die Familie des Menschen (nicht die heutige Gattung *Homo*) einige zehn Millionen Jahre. Kann es menschenähnliche Geschöpfe gegeben haben, die tatsächlich dem *Tyrannosaurus rex* (einem der größten Raubdinosaurier) begegnet sind? Kann es Dinosaurier gegeben haben, die der Vernichtung in der späten Kreidezeit entgingen?“ Sagan fragte auch, ob die Angst vor Ungeheuern, von Kindern bald nach dem Erlernen der Sprache entwickelt, nicht Überbleibsel einer Reaktion auf „Drachen“ der Urzeit sind. Der Münchener Paläontologe Edgar Dácque (1878–1945) hielt ein bis in die Kreidezeit zurückreichendes Artgedächtnis des Menschen für möglich. Er war davon überzeugt, dass die damalige Erfahrung mit Dinosauriern die Ursache für die Überlieferung von den Drachen sei. Die Tatsache, dass es in der Kreidezeit, die vor etwa 65 Millionen Jahren endete, Menschen noch nicht gab, tat Dácque mit der Behauptung ab: „Vorfahren von uns in noch unentwickelter Tiergestalt muss es damals schon gegeben haben, und warum sollten ihre Erfahrungen nicht auf uns überkommen sein?“
Manche Urzeitforscher vertreten die These, in der Kreidezeit seien möglicherweise gar nicht alle Riesensaurier ausgestorben. Einige der letzten Vertreter dieser Tiere könnten bis in geschichtliche Zeiten in der Meerestiefe überdauert haben und so zu den Vorbildern für die Ungeheuer der Sagen geworden sein. Zoologen, die mit der-

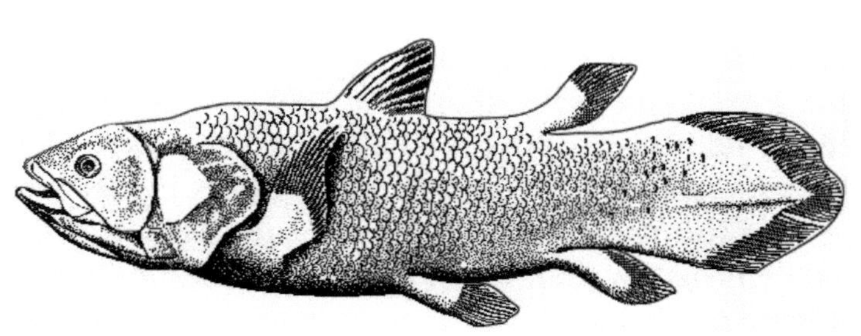

*Der Quastenflosser Latimeria,
ein so genanntes „lebendes Fossil",
wurde erst 1938
vor der afrikanischen Küste entdeckt.*

artigen Gedanken liebäugeln, erinnern daran, dass es erst wenige Jahrzehnte her ist, dass man 1938 in den Meerestiefen vor der afrikanischen Küste den Quastenflosser *Latimeria* entdeckte, den lebenden Vertreter einer Fischgruppe, die in der Urzeit mit langstieligen Flossen an Land gegangen war. Bis dahin hatte man solche Fische für die Zeitgenossen der Saurier und daher für ausgestorben gehalten.

„Vielleicht erleben wir es, dass in irgendeinem Winkel der Erde ein letzter Riesensaurier lebend gefunden wird?" schrieb Professor Joachim Illies (1925–1982) vom Max-Planck-Institut für Limnologie in Schlitz in seinem Buch zur „Anthropologie des Tieres". Ja, vielleicht sei man ihm sogar längst auf der Spur. Schließlich sei das Ungeheuer aus dem schottischen BergseeLoch Ness schon so oft und endgültig für tot erklärt worden und stets so hartnäckig wieder aufgetaucht, dass allein diese Zähigkeit „Nessie" als echten Anehörigen des sagenhaften Drachengeschlechtes ausweise.

Für die große Mehrheit der Forscher jedoch sind Drachen nichts als Fabelwesen, die lediglich in der Vorstellung vieler Natur- und auch Kulturvölker Gestalt angenommen haben und sich nach Kulturraum und Wesensart unterscheiden. Saurier dagegen haben vor etwa 300 bis 65 Millionen Jahren unseren Planeten bevölkert, wie Fossilfunde zeigen.

Die Vorfahren des Menschen, die kleinen Australopithecinen („Südaffe"), erschienen nach heute allgemein anerkannter Lehrmeinung vor etwa fünf Millionen Jahren in den Tropen. Die ersten Menschen des heutigen Typs *Homo sapiens sapiens* gibt es in Europa erst seit etwa 35 000 Jahren. Selbst

Dr. Rupert Wild
gilt als einer der besten Kenner von Dinosauriern
in Deutschland.

dann also, wenn manche Sagen und Märchen, in denen Drachen eine Rolle spielen, uralt sind, ist es nach Ansicht der meisten Wissenschaftler doch ausgeschlossen, dass die Erinnerungs- und die Überlieferungsfähigkeit des Menschen Zehntausende von Jahren überbrücken oder gar 65 Millionen Jahre bis in die Zeit der letzten Dinosaurier zurückreichen könnte.

Dass unseren Vorfahren vielleicht noch Drachen begegnet wären – dies glaubt auch der früher am Museum für Naturkunde in Stuttgart tätige Wirbeltierpaläontologe Rupert Wild nicht, der als einer der besten Kenner von Dinosauriern in Deutschland gilt. Denn die Dinosaurier sind gegen Ende der Kreidezeit vor etwa 65 Millionen Jahren ausgestorben. Aus der Zeit danach findet man Überreste von ihnen nicht mehr. Es sei aber nicht auszuschließen, dass zu Urzeiten des Menschen große, inzwischen ausgestorbene Tiere existierten, die ihm Furcht und Schrecken einjagten. So kenne man aus Australien fossile Reste von bis zu sieben Meter langen Waranen *(Megalania),* die noch im jüngeren Eiszeitalter vor etwa 45.000 Jahren womöglich gleichzeitig mit Urmenschen gelebt hätten.

Die Furcht des Menschen vor Drachen und anderen Ungeheuern wird von Rupert Wild für eine alte, an ursprüngliche Zustände erinnernde und vielleicht erblich bis heute bewahrte Eigenschaft gehalten. Sie stammt nach seiner Ansicht aus einer Zeit, in der sich der Mensch noch aktiv mit „Konkurrenten" auseinandersetzen, in der er ums nackte Überleben kämpfen musste. Während der Eiszeiten und Zwischeneiszeiten etwa hatte sich der Mensch gegen Höhlenbären, Höhlenhyänen, Höhlenlöwen und andere Tiere zu behaupten, die ihm gefähr-

*Skelett eines Großwarans (Megalania)
im Melborne Museum*

lich werden konnten. Vielleicht lasse sich die Angst vor Ungeheuern, vor allem bei Nacht und Nebel, als eine Art „Ur-Instinkt" bezeichnen, der sich – infolge einer zunächst noch gering bleibenden Verbildung durch die Zivilisation – besonders bei Kindern bis zu einem gewissen Alter erhalten hat, meint Wild.

Die Drachensagen gingen möglicherweise auf ein erblich oder von Generation zu Generation überliefertes „Ur-Erlebnis" zurück, bei dem der frühe Mensch vielleicht ein seine Existenz bedrohendes räuberisches Tier getötet habe. Wahrscheinlich sei dieses dann von der ganzen Sippe „begutachtet" worden, erläutert der ehemalige Saurierexperte des Stuttgarter Naturkundemuseums. Man kenne ähnliches ja noch aus unserer Zeit: etwa wenn ein Wolf gejagt und erschlagen werde. Man wisse dies aus Berichten über den Tod der letzten Raubtiere wie Bären, Wölfe oder Luchse in den Wäldern Mitteleuropas.

Die Drachensagen in Südosteuropa und Afrika wiederum gehen zum Teil auch auf den Löwen (zum Beispiel den Berberlöwen) zurück, der im Altertum noch in Europa vorkam, wie es griechische und römische Berichte belegen. Die Ausrottung des Löwen habe vermutlich ähnliche Sagen entstehen lassen wie bei uns die Ausrottung der letzten großen Raubtiere, sagt Wild. Nicht zuletzt Jägerlatein spiele bei Drachensagen eine Rolle, das gelte für die Größe, das Aussehen und natürlich für die Gefährlichkeit des Tieres.

Stark übertriebene Berichte über die Länge und die Kraft von Schlangen sowie über deren Aussehen – mit „Stachelschwanz", „Hautflügeln", „Knochenkämmen" – bewirkten, dass in der alten Zoologie der Drache zum Inbegriff aller Ungeheuer wurde. Der heute noch in Afrika weitverbreite-

*Im Eiszeitalter (Pleistozän)
zählten Löwen
zu den gefährlichsten Feinden
der Menschen.
Gemälde von Fritz Wendler (1941–1995)
für das Buch
„Deutschland in der Urzeit" (1986)
von Ernst Probst*

te, bis zu sechs Meter lange Felspython, der nachts sogar größere Säugetiere wie Antilopen oder Schweine überwältigt, wurde in der Antike als doppelt so lang geschildert. Aristoteles (384–322 v. Chr.) beschrieb die Pythonschlange aus Libyen als von ungeheurer Größe. Und Plinius der Ältere (23–79 n. Chr.) versetzte dieses stattliche Reptil als „Boa" dann nach Kalabrien und in den Süden Italiens, wo es – so berichtete er – Rinder und Hirsche verschlungen habe, was zwar falsch war, aber das ganze Mittelalter hindurch weiter behauptet wurde.

Der Drache habe gemäß der Weltsicht der Antike in die Liste der irdischen Tiergestalten gehört, sagte der bereits erwähnte Professor Illies. Er fehlte in keinem Tierbuch jener Zeit. Konrad von Megenberg (1309–1374), Zoologe des 14. Jahrhunderts, schrieb zum Beispiel: „Draco ist der groesten tier ainz, daz dia werlt hot." Auf dem Kopf, so heißt es dann weiter, trägt er einen Kamm; wenn er läuft, reckt er die Zunge vor, heult und gähnt er mit dem Maul; aber nicht seine Zähne sind gefährlich, sondern sein Schwanz ist es – mit diesem schlägt er tödlich zu. „Von dem mag der groz helfant nicht sicher gesein", spekulierte Megenberg.

Im neunten Jahrhundert wurzelt die Sage über einen roten Drachen, der den Sumpf von Geldern-Pont im Niederrheingebiet tyrannisiert haben soll. Dies geschah zu einer Zeit, in der die Normannen jene Gegend heimsuchten. Das nachts unter einem Baum lagernde Untier wurde von Wichard und Lupold, den Söhnen des Herrn von Pont, erschlagen. Der Drache schrie angeblich kurz vor seinem Tod noch „Geldre". Diesen Namen erhielt die Burg, die die Drachentöter an jener Stelle errichteten.

Lindwurmbrunnen
in der österreichischen Stadt Klagenfurt

In uralten Zeiten soll laut einer Sage auch in einer Höhle des Drachenfels am Rhein ein Drache gehaust haben, den die heidnischen Bewohner der Gegend verehrten. Als man dem Monster eine zum Christentum bekehrte Jungfrau opfern wollte und sie an einen Baum band, hielt diese dem nahenden Drachen ein Kreuz mit dem Bild des Erlösers entgegen. Daraufhin kehrte das Untier um, stürzte zischend in den nahen Abgrund und wurde nie mehr gesehen. Leute, die dieses Wunder ergriffen beobachteten, banden die Jungfrau los und baten sie, ihnen einen Priester zu schicken, der sie unterweisen und taufen solle.

An dramatischen Ereignissen des Jahres 1431 orientiert sich das Schauspiel „Further Drachenstich", das alljährlich in der zweiten Augustwoche in Furth im Wald (Bayern) stattfindet: Während der für den Further Raum verhängnisvollen Hussitenkriege war das böhmische Taus der Schauplatz einer Schlacht. Zu jener Zeit flüchteten viele Menschen ins benachbarte Furth, wo die Burgherrin sie bei sich aufnahm. Zu allem Überdruss kam ein Drache aus denWäldern und forderte ein Menschenopfer. Die Burgherrin war bereit, zu sterben, doch im allerletzten Augenblick kehrte der totgeglaubte Udo aus der Schlacht zurück, wurde zum Ritter geschlagen und tötete den Drachen mit einem Lanzenwurf.

Wie früher Drachensagen entstanden sind, zeigt auch die Geschichte des Lindwurmbrunnens in der österreichischen Stadt Klagenfurt. 1335 wurde auf dem Zollfeld bei Klagenfurt der vermeintliche Schädel eines Lindwurms entdeckt, den man zunächst an einer Kette hängend im Rathaus von Klagenfurt aufbewahrte. Dieser Tierschädel diente dem Bildhauer Ulrich Vogelsang als Vorbild für das steinerne Lindwurmdenkmal. Nach seinem Tod 1590 vollendete sein

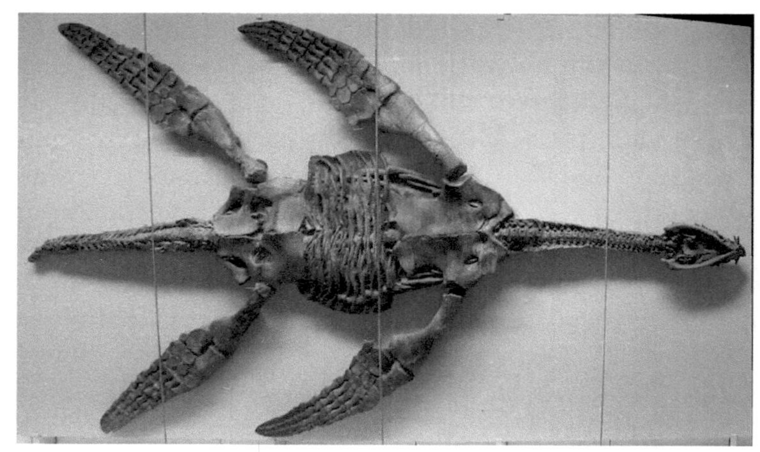

Skelett des Plesiosauriers Meyerasaurus victor
(früher Rhomaleosaurus victor)
im Museum am Löwentor, Stuttgart

Bruder Andreas seine Arbeit. Erst 1840 erkannte der Botaniker Franz Unger (1800–1870), dass es sich bei dem angeblichen Lindwurm-Schädelfund vom Zollfeld um den Rest eines eiszeitlichen Fellnashorns handelte. Heute wird dieser Schädel im Klagenfurter Stadtmuseum aufbewahrt. Ein weiteres Beispiel für die Beeinflussung eines Künstlers durch ein Fossil repräsentiert das Relief in einer Kirche in Rentweisdorf bei Coburg in Oberfranken (Bayern). Das Kunstwerk zeigt einen vierbeinigen Drachen, bei dem der Künstler eindeutig durch einen fossilen Plesiosaurier beeinflusst wurde. Einstmals konnten die Überreste ausgestorbener Urwelttiere kaum identifiziert werden. Kein Wunder: Zum Beispiel kam das erste lebende Nashorn, dessen Aussehen der Nürnberger Maler Albrecht Dürer (1471–1528) so eindrucksvoll als Holzschnitt überliefert hat, erst 1515 nach Europa.

Häufig wurden in früheren Jahrhunderten große Knochen, die man in Flüssen gefunden hatte, entweder dem heiligen Christophorus oder aber Drachen zugeschrieben. Die Sage vom rätselhaften Einhorn dürfte auf fehlgedeutete Mammutstoßzähne zurückzuführen sein. Funde von fossilen Zwergelefantenschädeln wiederum nährten die Mär vom einäugigen Kyklopen. Diese Schädel hatten nämlich dort, wo der Rüssel ansetzt, ein großes Loch, das für die Augenöffnung auf der Stirn des Riesen gehalten wurde.

Der schweizerische Drachenspezialist Konrad Gesner (1516–1656) beschrieb in seinem „Thierbuch", wie Drachen zu ihrem Namen gekommen sind: „Dieser Namen Trach kommt bei den Griechen von dem scharfen Gesicht her und wird oft von den Schlangen in gemein verstanden. Insonderheit aber soll man diejenigen Schlangen,

Lebensbild von Plesiosauriern
der Art Plesiosaurus dolichodeirus,
Zeichnung des russischen Palaeoartisten
Dmitry Bogdanov
bei „Wikipedia"

Schweizer Arzt, Naturforscher und Altphilologe
Konrad Gesner (1516–1656),
Stich von Conrad Meyer von 1662

*Erzengel Michael erschlägt einen Drachen
mit dem Schwert,
Illustration eines unbekannten spanischen Künstlers
aus dem späten 14. oder frühen 15. Jahrhundert*

*Der Ouroboros („Schwanzverzehrer")
galt als Ungeheuer,
das seinen eigenen Schwanz fraß.
Gravierung von Lucas Jennis (1590–1630)*

so groß und schwer von Leib all an der Größe halb übertret-
ten, Trachen heißen." Tatsächlich sehen Schlangen wegen
ihres starren Blickes, der durch das Fehlen der Augenlider
hervorgerufen wird, unheimlich aus. Der landläufigen Vorstellung vom Drachen jedoch kommengroße Echsen wesent-
lich mehr entgegen: Sie haben mitunter kräftige, bekrallte
Extremitäten, hornartige „Warzenbildungen" oder Kämme
auf dem Rücken und wirken daher manchmal wie zu Fleisch
und Blut gewordene mittelalterliche Beschreibungen.
Zu der Vorstellung vom „Feuer speienden Drachen" hat
nach der Ansicht des Stuttgarter Paläontologen Rupert Wild
wohl die tief gespaltene Schlangenzunge, die in ständiger
Bewegung die Umgebung prüft, beigetragen. Das Züngeln
der Schlangen und Echsen dient allerdings dem Wahrneh-
men von Duftstoffen, die mit den Zungenspitzen im Gau-
men in zwei kleine Öffnungen gebracht werden (sie enthal-
ten das Jacobson'sche Organ, das die Sinneswahrnehmung
ermöglicht). Mit der Hilfe ihres feinen Geruchsinns kann
die Schlange Beutetiere ausmachen oder den Geschlechts-
partner erkennen. Die zweigeteilte Zunge mag den Menschen
angeregt haben, darin ein „Feuer speien" zu sehen. Schließlich wirkt das Züngeln ungewöhnlich; denn es ist einzigar-
tig im Tierreich.
Wie die Krokodils-Schauermärchen sind auch die Drachensagen weitgehend das Ergebnis von Übertreibungen oder
Fehldeutungen. Naturwissenschaftlich gesehen jedenfalls hat
es Drachen, Lindwürmer oder Tatzelwürmer nie gegeben!
Dass diese Furcht erregenden tierischen Phantasiegestalten
stark Dinosauriern ähneln, ist nur ein Zufall.

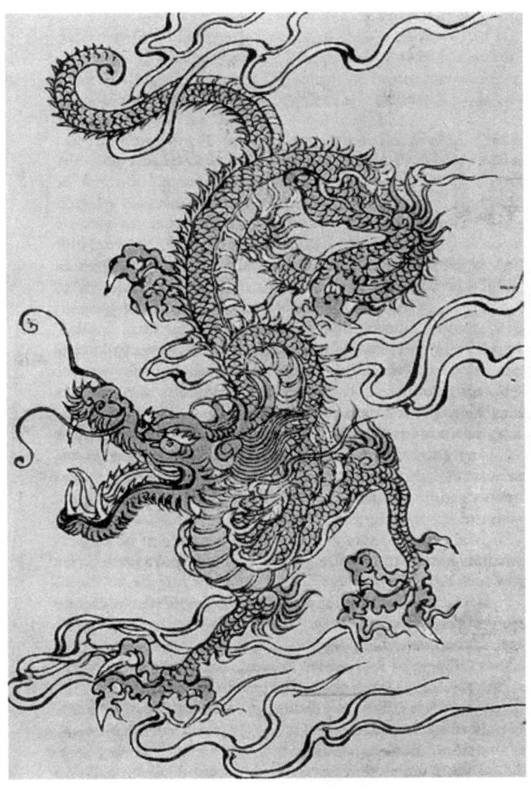

*Japanische Drachendarstellung
aus dem 19. Jahrhundert
Original in der Bibliothèque
des Arts décoratifs, Paris*

Darstellung eines Basilisk
von Johann Michael Zinck (1694–1765)
in der Friedhofskirche Sankt Sebastian
von Wolframs-Eschenbach
aus dem Jahre 1741.
Eine lateinische Inschrift dazu lautet:
„Ne terreamini ab his"
(„Lasst euch nicht von diesem erschrecken").

Drachen in Sagen und Mythos

APOPHIS

Apophis, auch Apep genannt, hieß eine ägyptische Schlange der Unterwelt. Manchmal stellte man sie auch als vielköpfigen Drachen dar. Sie wurde jeden Morgen von dem Gott Seth zerstückelt.

ASAG

Asag war ein sumerisches Meeresungeheuer, das der Kämpfergott Ninurta besiegte.

BASILISK

Basilisk (griechisch: basiliskos = „kleiner König") hieß ein Furcht und Schrecken erregendes mittelalterliches Mischwesen zwischen Hahn, Schlange und Drache. Dieses Wesen mit dem Kopf, dem Körper und den Füßen eines Hahns sowie mit einem Eidechsen- oder Schlangenschwanz fürchtete man wegen seines tödlichen Blickes (Basiliskenblick) und Gifthauches. Angeblich entstand der Basilisk aus einem missgebildeten Hühnerei, das von Schlangen oder Kröten ausgebrütet wurde. Jene phantastische Vorstellung existierte zu-

Die Pythia auf dem Dreifuß zu Delphi,
Zeichnung von Henrich Leutemann (1824–1905)

erst im Alten Orient, später gelangte sie über spätmittel-
alterliche Schriftsteller und Kirchenväter in die Tierbücher
des hohen Mittelalters und hielt sich bis ins 17. Jahrhundert. Der Basilisk symbolisierte unter anderem Tod und
Teufel. In der Kunst des Mittelalters kam er vor allem in
der romanischen Bauplastik vor oder auch bei Darstellungen von Jesus Christus, der den Basilisk oder Aspis, die
Schlangenviper, zertritt. Ein Basilisk wird zum Beispiel auf
dem Elisabethschrein aus dem 13. Jahrhundert in der
Elisabethkirche in Marburg dargestellt. In der österreichischen Hauptstadt erinnert das Haus „Zum Basilisken" in
der Schönlaterngasse an die Sage über den Wiener Basilisken, der dort Anfang des 13. Jahrhunderts in einem Brunnen erschien. – Als Basilisk bezeichnet man heute auch eine
Gattung bis zu 80 Zentimeter langer Leguane im tropischen
Amerika. Eines der beliebtesten Terrarientiere ist der Helm-
Basilisk *(Basiliscus basiliscus)*.

DELPHYNE

Delphyne war eine Drachin in Griechenland und wurde
von dem Gott Apollon erschlagen. Dieser errichtete an dem
Platz, an dem sie einst lebte, das berühmte Orakel von
Delphoi.

DRAC

Drac heißt ein Drache aus Frankreich, der im 13. Jahrhundert angeblich im Fluss Rhone lebte. Nach ihm soll die

Der Königssohn Kadmos
tötet den von Ares abstammenden Drachen
durch Steinwürfe,
Gemälde von Hendrick Goltzius (1558–1617),
Original im Museet på Koldinghus,
Kolding (Dänemark)

südfranzösische Stadt Draguignan bezeichnet worden
sein.

DRACHENSAAT

Drachensaat nannte man die aus den Zähnen eines Drachen
entsprossenen Krieger, die sich selbst umbrachten. Die Drachensaat spielte sowohl in der Kadmossage als auch in der
Argonautensage eine wichtige Rolle.
Die Kadmossage: Kadmos, der Sohn des phönikischen Königs Agenor, wurde von seinem Vater ausgesandt, um seine
vom Göttervater Zeus entführte Schwester Europa zu suchen. Auf Befehl des Orakels von Delphoi gründete Kadmos
in Böotien Kameia, die Burg und den Stadtkern des späteren Theben. Als der von Ares, dem Gott des blutigen, zer-
störenden Krieges, abstammende Drache die Gefährten des
Kadmos getötet hatte, brachte ihn dieser durch Steinwürfe
um. Einem Rat von Athene, der Göttin der Weisheit, fol-
gend brach Kadmos dem Drachen seine Zähne aus und säte
sie in die Erde. Darauf beruht der Name „Drachensaat". Aus
den Drachenzähnen erwuchsen geharnischte Männer, unter
denen ein Kampf ausbrach. Nur fünf der Krieger überleb-
ten die blutige Auseinandersetzung. Auf diese fünf Überle-
benden führten die thebanischen Adelsgeschlechter ihre
Abstammung zurück. Kadmos musste zur Strafe für die
Tötung des Drachens acht Jahre lang Sklavendienste für Ares
leisten, bis er durch die Vermählung mit Harmonia, der Tochter von Ares, belohnt wurde. Kadmos avancierte zum König in Theben und zog später mit Harmonia nach Illyrien,
wo er die Königsherrschaft ausübte. Schließlich wurden

*Jason tötet den Drachen,
der das „Goldene Vlies" bewacht,
Gemälde nach Salvator Rosa (1615–1673),
Original im Saint Louis Art Museum*

Kadmos und Harmonia in Schlangen verwandelt und ins Elysium versetzt. Das Elysium war das Land am Westrand der Erde, wo auserwählte Helden entrückt wurden, ohne den Tod zu erleiden.

Argonautensage: Jason (auch Iason genannt) war der Sohn von Aison, des Königs von Iolkos in Thessalien, dessen Halbbruder Pelias die Herrschaft an sich gerissen hatte. Jason wuchs bei dem Kentauren Cheiron auf. Kentauren hatten bis zum Bauchnabel das Aussehen eines Menschen und von dort ab Pferdegestalt. Nach seiner Rückkehr erhob Jason vor Pelias seinen Anspruch auf den Thron. Pelias erkannte die Forderung an, schickte aber Jason nach Kolchis am Schwarzen Meer, wo er das „Goldene Vlies", nämlich das goldene Fell eines Widders, holen sollte, das im Hain des Gottes Ares von einem Drachen bewacht wurde. Zusammen mit anderen Kriegern, den so genannten Argonauten, segelte Jason auf dem Schiff Argos von Pelion nach Kolchis. König Aietes versprach Jason das „Goldene Vlies", wenn er zwei Feuer speiende Stiere vor einen ehernen Pflug spannen und dann die von Kadmos übriggelassenen Drachenzähne aussäen würde, die Aietes von Athene, der Göttin der Weisheit, erhalten hatte. Medea, die Tochter von Aietes, gab Jason ein Zaubermittel zum Schutz vor den Stieren und den Rat, durch einen Steinwurf die aus den Drachenzähnen entstandenen Krieger zum Kampf gegeneinander aufzustacheln. Obwohl Jason die ihm gestellten Aufgaben erfüllte, verweigerte Aietes das „Goldene Vlies". Daraufhin schläferte Medea nachts mit einem Zaubermittel den Drachen ein und Jason stahl das Vlies. Die Argonauten segelten mit Medea davon und verhinderten durch die Ermordung von Apsyrtos, dem Sohn von Aietes, die Verfolgung. In der Folgezeit erlebten die Argonauten

*Fafnir in Gestalt eines Drachen
an der Kaiserbrücke in Mainz*

weitere Abenteuer mit Sirenen, Skylla und Charibdis, Phäaken und dem Riesen Talos, bevor sie nach Iolkos zurückkehren konnten.

DER LINDWURM VON ECKLAK

Der Lindwurm von Ecklak (Schleswig-Holstein) hauste unter der Kirche und raubte und fraß das Vieh in der Umgebung. Er wurde von einem Stierkalb, das man drei Jahre lang mit frisch gemolkener Milch und Semmelbrot aufzog, mit den Hörnern besiegt. Das Stierkalb erlitt bei diesem Kampf tödliche Wunden.

FAFNIR

Fafnir, auch Fafner genannt, war der Sohn des Zauberers Hreidmar. Sein Bruder Otr wurde an einem Wasserfall, wo er als Otter mit einem Lachs im Maul saß, durch einen Steinwurf von Loki, dem Gott des Feuers, getötet. Zur Buße mussten die Götter Odin, Loki und Hönir den Balg von Otr mit Gold füllen und den Goldring Andwaranaut, an dem ein Fluch hing, herausgeben. Wegen dieses Sühnegeldes stritt Fafnir mit seinem Vater und erschlug ihn. Er zwang seinen Bruder und Mitschuldigen, Regin, zur Flucht, zog mit dem Schatz (dem späteren Nibelungenhort) zur Gnitaheide und hütete ihn dort in Gestalt eines Drachens, den Siegfried von Xanten tötete.

*Der Halbgott Herakles
kämpft mit der Lernäischen Hydra,
Zeichnung von Hans Sebald Beham (1500–1550),
der in Nürnberg, Frankfurt am Main
und München wirkte*

GORYNYTSCH

Gorynytsch hieß ein Drache in Russland, der im 11. Jahrhundert in der Gegend von Kiew lebte. Er wurde von Dobreynja erschlagen.

GRENDL

Grendl war ein drachenartiges Ungeheuer im altenglischen Beowulf-Epos. Er und seine Mutter, eine Seedrachin, wurden von König Beowulf erschlagen. Beowulf kam ums Leben, als er einen Drachen, der einen Grabhügel bewachte, tötete.

HYDRA

Hydra, auch Lernäische Hydra genannt, ein schreckliches Ungeheuer mit neun Köpfen, war die Tochter des Schlangenmonsters Typhon und der Echidna. Herakles zerschmetterte – bei seiner zweiten Arbeit – mit seiner Keule zuerst die Köpfe der Hydra, aber diese wuchsen immer wieder sofort nach. Daraufhin entzündete sein treuer Gefährte Iolaos ein Feuer, brannte neu aufkeimende Köpfe des Monsters mit brennendem Holz aus und verhinderte so ihr weiteres Wachstum. Den neunten und unsterblichen Kopf der Hydra schlug Herakles ab, begrub ihn und wälzte einen großen Stein darüber. Dann spaltete er den Rumpf des Ungeheuers und tauchte seine Pfeile in das giftige Blut. Fortan heilten die von seinen Pfeilen verursachten Wunden nicht mehr.

*Der Halbgott Herakles
kämpft mit der Lernäischen Hydra.
Gravierung von Cornelis Cort (1533–1578)
um 1565*

ILLUYANKA

Illuyanka war ein Drache der Hethiter und deren zweit-
mächtigster Gott. Er wurde von dem Wettergott Tesup
erschlagen.

KUR

Kur nannte man ein sumerisches Ungeheuer, das um 2000 v.
Chr. von dem Gott Enki besiegt wurde.

LABBU

Labbu war ein sumerischer Meerdrache, den der Gott Tishpak
besiegte.

LADON

Ladon hieß in der griechischen Mythologie ein hun-
dertköpfiger Drache, der nie schlief. Er bewachte die goldenen Äpfel der Hesperiden, die an einem Baum gediehen, den
die Erdgöttin Gaia aus ihrem Schoß wachsen ließ. Die goldenen Früchte sollten Gaia als wertvolles Geschenk bei der
Vermählung von Hera mit ihrem Bruder, dem Göttervater
Zeus, dienen. Drei dieser kostbaren Äpfel zu holen, war die
elfte Arbeit für den Halbgott Herakles, der den Drachen Ladon
tötete.

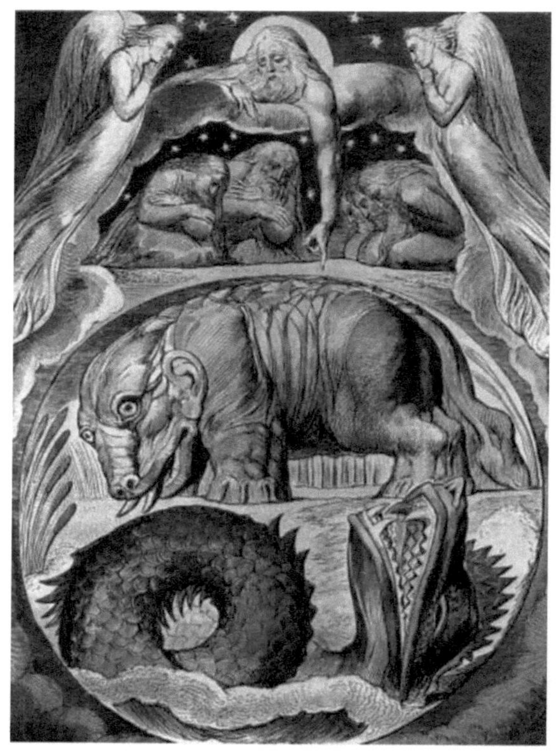

Behemot und Leviathan (unten),
Gemälde von William Blake (1757–1827).
Das Meeresungeheuer Leviathan
wird mehrfach in der Bibel erwähnt.

LEVIATHAN

Leviathan wird ein Meeresdrache genannt, über den die Bibel mehrfach berichtet. Im „Alten Testament", im „Buch Jesaja", heißt es über ihn: „ Der Leviathan ist ein gewundener Schlangendrache, der am Grund des Meeres wohnt". Das 41. Kapitel des „Buches Hiob" beschreibt den schrecklichen Meeresdrachen so: „Schrecklich stehen seine Zähne umher. Seine stolzen Schuppen sind wie feste Schilde, fest und enge ineinander. Eine rühret an die andere, daß nicht ein Lüftchen dazwischen gehet." In der „Offenbarung des Johannes" taucht der Leviathan auf als „ein großer roter Drachen, der hatte sieben Häupter und zehn Hörner und auf seinen sieben Häuptern zehn Kronen, und sein Schwanz zog den dritten Teil Sterne des Himmel hinweg und warf sie auf die Erde".

LUNG

Lung war ein Drache in China mit dem Kopf eines Kamels, dem Geweih eines Hirsches, den Augen eines Hasen, den Ohren eines Stieres, dem Nacken einer Schlange, dem Bauch eines Frosches, den Klauen eines Adlers, den Pranken eines Tigers und 81 Schuppen eines Karpfens. Seine Stimme klang wie ein schlagender Gong. Außerdem trug er immer eine Perle bei sich. Das Ungeheuer konnte mit Hilfe einer göttlichen Krone („poh san"), die wie ein hölzerner Zollstab aussah, fliegen. Der Drachenkönig hatte den Namen Lung Wang und wurde am 13. Tag des sechsten Monats gefeiert.

Der Kampf des Thor mit der Schlange von Midgard.
Gemälde von
Johann Heinrich Füssli (1741–1825) von 1788,
Aufbewahrungsort: Royal Academy of Arts

MESTER STOORWORM

Mester Stoorworm war ein einäugiger Lindwurm, der um die halbe Erde reichte. Nach seinem Tod entstanden aus seinen Zähnen die Shetland-, Orkney und Faroes-Inseln. Seine Zunge bildete eine Hälfte der Mondsichel. Aus seinem gekrümmten Leib ging Island hervor.

MIDGARDSCHLANGE

Die Midgardschlange Jörmungand wurde von Loki, dem germanischen Gott des Feuers, und der Riesin Angrboda gezeugt. Nachdem die Asen, ein Göttergeschlecht der nordischen Mythologie, sie ins Weltmeer warfen, wuchs sie darin zu so ungeheurer Größe, dass sie mit ihrem Körper die ganze Erde umspannte. Jörmungand erzeugte beim Wassertrinken Ebbe und beim Wasserspeien Flut. Beim Weltuntergang (Ragnarök) stieg sie aus dem Meeresabgrund hervor und kämpfte gegen die Götter. Thor erschlug sie, starb aber an dem Gift, das sie ihm entgegenspie.

MOKELE-MBEMBE

Mokele-Mbembe oder Nyamala heißt ein drachenähnliches Fabeltier in Zentralafrika, das noch heute leben soll. Die vermutlich erste Erwähnung dieses unbekannten Wesens stammt von dem Franzosen Abbé Proyart, der 1776 über die Entdeckung von riesigen Fußabdrücken berichtete. Sie hatten einen Umfang von fast einem Meter und befanden sich

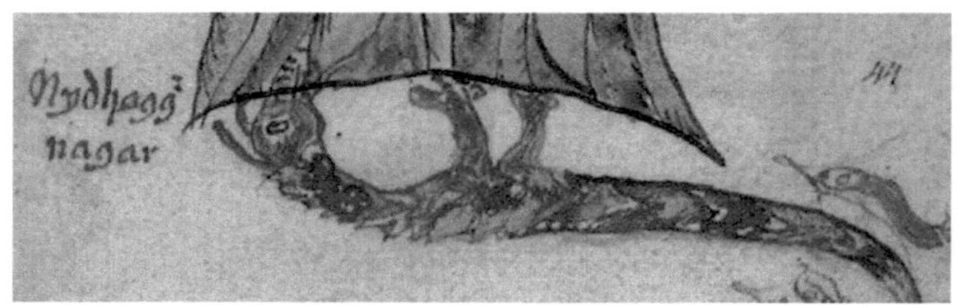

Der Neid-Drache Niddhögg
nagt an den Wurzeln
der immergrünen Weltesche Yggdrasil,
Abbildung auf einem Manuskript
aus dem 17. Jahrhundert,
Original im Árni Magnússon Institute in Island

im Abstand von rund 2,50 Metern. 1913/1914 unternahm der deutsche Offizier Ludwig Freiherr von Stein zu Lausnitz (1868–1934) eine Expedition in der damaligen deutschen Kolonie Kamerun, die heute zum Norden des Kongo gehört. In seinem nach Berlin geschickten Bericht teilte er mit, zwischen den Flüssen Sangha und Likouala existiere ein großes und rätselhaftes Tier, das von Eingeborenen immer wieder gesichtet werde. Das rätselhafte Geschöpf werde von den einheimischen Pygmäen als Mokele-Mbembe bezeichnet. Es sei so groß wie ein Elefant, habe einen langen, flexiblen Hals und einen sehr langen Schwanz wie ein Alligator. In der Folgezeit gab es immer wieder Berichte über Sichtungen monströser Kreaturen im Kongo, in Sambia und in Gabun sowie Expeditionen, bei denen überlebende Dinosaurier in Zentralafrika gesucht wurden.

NIDDHÖGG

Der giftige Neid-Drache Niddhögg (auch Nidöggr genannt) aus der altnordischen Mythologie nagte an der Wurzel der immergrünen Weltesche Yggdrasil, welche die Reiche der Götter, Riesen, Menschen und Zwerge verband und das All umschloss. Er ernährte sich vom Fleisch toter Männer.

PYTHON

Python war ein Sohn der Erdgöttin Gaia und ein furchtbarer Drache. Er entstand aus der feuchten Erde nach der „Deukalionischen Flut", die der Göttervater Zeus zur Ver-

Ödipus und die Sphinx,
Gemälde von Gustave Moreau (1826–1898),
Original im Metropolitan Museum of Art,
New York City

nichtung des entarteten Menschengeschlechts geschickt hatte, und hauste in den Klüften des Parnassos. Der Gott Apollon bereitete seinem Leben ein Ende.

SIRRUSH

Sirrush hieß der Drache, der eindrucksvoll auf dem Ishtar-Tor in Babylon abgebildet ist. Der dort dargestellte vierfüßige Drache besitzt einen schuppigen Körper, mit Vogelkrallen bewehrte Hinterpranken, einen langen Hals, einen Schlangenkopf mit Horn, große Augen und eine gespaltene Zunge. Dieser weise Drache war sogar Marduk, dem obersten der babylonischen Götter und Weltschöpfer, heilig.

SPHINX

Sphinx heißt ein geflügeltes Ungeheuer in der griechischen Mythologie. Dieses Geschöpf war die Tochter des vielköpfigen Schlangenmonsters Typhon und der Schlangenjungfrau Echidna, die noch andere Ungeheuer zeugten. Berühmt ist die Sphinx von Theben, die vorbeikommenden Menschen ein Rätsel aufgab und alle tötete, die es nicht lösen konnten. Unter ihren Opfern befand sich auch der Bruder der Königin Iokaste. König Kreon versprach demjenigen, der die Sphinx besiegen würde, Iokaste als Gattin. Als Ödipus der Sphinx begegnete, fragte ihn diese: „Was geht am Morgen auf vier, am Mittag auf zwei und am Abend auf drei Füßen?" Ödipus antwortete: „Der Mensch", und die Sphinx stürzte sich ins Meer. In der ägyptischen Kunst wird die

Der Komodowaran (Varanus komodoensis)
ist mit einer Länge bis zu drei Metern
eine der größten Eidechsen der Gegenwart.

Sphinx als männliches königliches Wesen (Sphinx von Gise um 2500 v. Chr.), in der vorderasiatischen und in der griechischen Kunst geflügelt mit Kopf und Brust einer Frau dargestellt.

STUTTGARTER DRACHE

Der Stuttgarter Drache hauste – laut einer Sage – im Keller eines Bierbrauers. Dieser furchterregende Lindwurm wurde von einem Brauknecht getötet, der ihm einen Spiegel vorhielt.

TAKERE-PIRIPIRI

Takere-Piripiri war ein ungefähr sieben Meter langer Drache aus der Sagenwelt der Maori auf Neeseeland. Das Monster wurde mit Aalen gefüttert, tötete eines Tages aber völlig überraschend zwei Kinder und fraß danach gerne Menschenfleisch. Es gelang jedoch, Takere-Piripiri zu fangen und zu erschlagen. Nach einer anderen Sage bereitete man das getötete Untier als Festmahl zu. Die Schilderungen über Takere-Piripiri fußen vermutlich auf Begegnungen mit einem großen Waran. Solche räuberischen Reptilien gibt es heute noch. Der erst 1912 auf der Insel Komodo entdeckte Komodowaran *(Varanus komodoensis),* eine der größten Eidechsen der Gegenwart, erreicht eine Länge bis zu drei Metern.

Tatzelwurmbrunnen in Kobern (Rheinland-Pfalz)

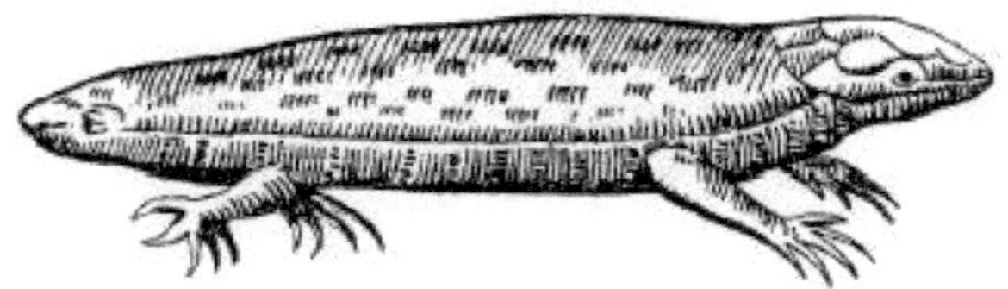

Tatzelwurm mit zwei Köpfen,
Zeichnung von Ulisse Aldrovandi (1522–1605)
aus „Serpentum et Draconum historia" (1640)

TARASQUE

Tarasque war der Name eines fürchterlichen Drachen, den angeblich die heilige Martha durch ihren Glauben zähmte. Danach wurde das Ungeheuer vom rachsüchtigen Volk erschlagen.

TATZELWURM

Tatzelwurm oder Tatzlwurm ist die bayerische und österreichische Bezeichnung für ein Fabeltier in Gestalt einer vierbeinigen Schlange oder eines Lindwurms. Als Tatze bezeichnet man in Bayern und Österreich je nach Zusammenhang ein tierisches Bein, eine Klaue oder eine Pfote. Der Wortteil Wurm soll darauf hindeuten, dass es sich um einen so genannten Halbdrachen mit einem schlangenartigen Unterleib und mit zwei prankenbesetzten Vorderbeinen handelt. Tatzelwürmer erreichen laut „Augenzeugen" eine Länge von einem halben Meter bis zu zwei Metern. Ihr Kopf ähnelt angeblich demjenigen einer Raubkatze. Ihr Körper sei reptilienartig, heißt es. Als bevorzugte Aufenthaltsorte werden Stollen und Höhlen genannt, die von diesen seltsamen Wesen in den Felsen gegraben werden. Einerseits gelten Tatzelwürmer als scheu. Andererseits sollen sie gefährlich und aggressiv sein und immer wieder Menschen oder Tiere angegriffen haben. Ihnen wird eine starke Hitzeentwicklung nachgesagt. Deswegen behauptet man, wenn ein Tatzelwurm durch Sand krieche, werde dieser zu Glas. Im Salzburger Land (Österreich) bezeichnet man den Tatzelwurm als „Bergstutz". Nach seinem Biss mit Giftzähnen stirbt man

The basilisk and the weasel,
Zeichnung von Wenzel Hollar (1607–1677),
Original in der
Thomas Fisher Rare Book Library,
Wenzel Hollar Digital Collection

angeblich sofort. Die Entstehung der Tatzelwürmer wird sehr phantasievoll erklärt: „Ein Hahn legt ein schwarzes Ei in einen See, wo es von der Sonnenwärme ausgebrütet wird. Aus dem Ei schlüpft ein Tatzelwurm, der möglicherweise zu einem Lindwurm heranwächst", liest man im Online-Lexikon „Wikipedia". Noch im 20. Jahrhundert kursierten Berichte von „Augenzeugen", die glaubten, einen Tatzelwurm gesehen zu haben.

TIAMAT

Tiamat hieß die babylonische Urmutter der Götter und der Drachen. Sie war die Partnerin von Apsu, und als dieser erschlagen wurde, verbündete sie sich mit dem Gott Kingu und erschuf Schlangen, Drachen und die Sphinx, um sich an den Göttern zu rächen. Die oft als Drachin dargestellte Tiamat wurde vom Gott Marduk erschlagen.

TYPHON

Typhon, ein vielköpfiges Schlangenmonster der griechischen Mythologie, war der Sohn des Tartaros und der Erdgöttin Gaia sowie der Gatte der Schlangenjungfrau Echidna, die in einer Höhle hauste und alle vorbeikommenden Menschen fraß. Zu seinen Kindern gehörten die Lernäische Hydra, der Höllenhund Kerberos und die Chimaira. Zeus wurde bei einem Kampf mit Typhon besiegt, seiner Sehnen an Händen und Füßen beraubt und in die korykische Höhle gebracht. Doch Hermes, der Sohn des Zeus, stahl die Sehnen, setzte

Der Basilisk galt im Altertum und im Mittelalter
als naher Verwandter des Drachen,
Abbildung aus dem „Thierbuch" (1563)
von Konrad Gesner (1516–1565)

sie seinem Vater wieder ein, der bei einem neuen Kampf Typhon besiegte.

VERETHRA

Verethra, auch Vritra genannt, repräsentierte die Regenwolken. Er wurde von Verethraghna erschlagen.

VOUIVRE

Vouivre war ein Drache, der in den französischen Alpen hauste. Er schmückte sich mit Juwelen, trug eine Perlenkrone und auf der Stirn einen blutroten Karfunkel als einziges Auge. Nur wenn er den Karfunkel beim Trinken abnahm, konnte man ihn verwunden. Doch nie hat es jemand gewagt, ihm den Karfunkel zu stehlen und ihn zu erschlagen.

WIENER BASILISK

Wiener Basilisk nennt man ein Mischwesen mit Merkmalen eines Hahns, einer Schlange und einer Kröte, das Anfang des 13. Jahrhunderts in der österreichischen Hauptstadt existiert haben soll. An die Sage über dieses Untier erinnert das Haus „Zum Basilisken" in der Wiener Schönlaterngasse, in dem der Basilisk in einer Nische an der Hausfassade zu sehen ist. Laut Sage lebte 1212 im Haus Schönlaterngasse Nummer 7 ein hartherziger Bäckermeister namens Garhibl. Von seinem Personal ertrug nur der Geselle Hans die ständigen Launen des Meisters, weil er dessen Tochter Appolonia liebte. Eines Tages bat Hans mutig um die Hand von Appolonia. Daraufhin warf ihn der Meister sofort aus der Bäckerei und schwor, der Geselle solle Appolonia erst erhalten, wenn der Haushahn ein Ei gelegt habe. Als Garhibl dies gegenüber seiner Tochter, die Hans liebte, wiederholte, gackerte sein Hahn laut und flog über das Dach davon. Im selben Moment schrie eine Magd im Hof und erzählte aufgeregt den herbeigeeilten Leuten, im Brunnen glitzere es seltsam und stinke es fürchterlich. Ein Lehrjunge, der in den Brunnenschacht hinabgelassen wurde, erblickte dort ein furchterregendes Untier: Es war eine Mischung aus Hahn, Schlange und Kröte mit zackigem Schuppenschweif, glühenden Augen und goldener Krone. Ein gelehrter Doktor erkannte sofort, dass es sich bei dem merkwürdigen Geschöpf um einen Basilisken handelte. Von solchen Untieren hieß es damals, ihr Blick sei tödlich. Dann stieß der Bäckergeselle Hans, der es fern seiner Angebeteten nicht mehr ausgehalten hatte, zu der Menschenmenge im Hof des Bäckermeister Garhibl. Mutig ließ sich Hans – hinter einem großen Spiegel versteckt – in den Brunnen hinab. Er hielt dem Basilisken den Spiegel entgegen, dem sein eigener Anblick so zuwider war, dass er zersprang. Hans durfte zum Lohn für seine Tapferkeit endlich seine Appolonia heiraten.

Literatur

ABEL, Othenio: Die vorweltlichen Tiere in Märchen, Sage und Aberglauben, Karlsruhe 1923
ABEL, Othenio: Vorzeitliche Tierreste im Deutschen Mythus, Brauchtum und Volksglauben, Jena 1939
BANDINI, Ditte / BANDINI, Giovanni: Das Drachenbuch. Sinnbilder – Mythen – Erscheinungsformen, Wiesbaden 2005
BÖLSCHE, Wilhelm: Drachen, Sage und Naturwissenschaft. Eine volkstümliche Darstellung, Stuttgart 1929
CHERRY, John (Herausgeber): Fabeltiere. Von Drachen, Einhörnern und anderen mythischen Wesen, Stuttgart 1977
DUVE, Karen / VÖLKER, Thies: Lexikon berühmter Tiere, Frankfurt am Main 1997
FRÜH, Sigrid (Herausgeber): Märchen vom Drachen, Frankfurt am Main 1993
GEBHARD, Harald / LUDWIG, Mario: Von Drachen, Yetis und Vampiren – Fabeltieren auf der Spur, München 2005
GESNER, Konrad: Thierbuch, Zürich 1563
HARDE, Ulrike / NEYSTERS, Silvia / REISING, Gerd / REUTER-RAUTENBERG, Anne / RIETSCHEL, Siegfried / ROSCHER, Bernd / STAMM, Gerhard / WOAS, Steffen: Drachen. Ausstellungen für Kinder und Erwachsene. Badische Landesbibliothek, Landessammlungen für Naturkunde, Kindermuseum der Staatlichen Kunsthalle Karlsruhe, Karlsruhe 1980
JENS, Hermann: Mythologisches Lexikon. Gestalten der griechischen, römischen und nordischen Mythologie, München 1958

Bildquellen

Seite 1
Reproduktion einer Zeichnung von Arthur Rackham (1867–
1939) in „Siegfried and the Twilight of the Gods" (1911)
von Richard Wagner (1813–1883), übersetzt von Margaret
Amour

Inhalt
Reproduktionen aus „Mundus Subterraneus" (1664–1678)
von Athanasius Kircher (1601–1680): 7 oben, 7 unten
Reproduktion einer Zeichnung: 7 Mitte
Ad Meskens / CC-BY-SA3.0: 8 oben (via Wikimedia Commons), lizensiert unter CreativeCommons-Lizenz by-sa-3.0-
de, http://creativecommons.org/licenses/by-sa/3.0/de/legal
code Reproduktion eines Gemäldes von Gustave Moreau
(1826–1898)
Klaus Benz, Fotograf, Mainz-Laubenheim: 8 unten

Vorwort
Web Gallery of Art: 10 (via Wikimedia Commons), Lizenz:
gemeinfrei (Public domain), Reproduktion eines Holzschnit-
tes von Albrecht Dürer (1471–1528)

Es war nicht die Spur von Noahs Raben
Janericloebe / CC-BY-SA3.0: 12 (via Wikimedia Commons),
lizensiert unter CreativeCommons-Lizenz by-sa-3.0-de,
http://creativecommons.org/licenses/by-sa/3.0/de/legalcode
Reproduktion eines Porträts um 1613: 14

61 (via Wikimedia Commons), Lizenz: gemeinfrei (Public domain)
Reproduktion der Illustration eines unbekannten spanischen Künstlers aus dem 15. Jahrhundert: 62 (via Wikimedia Commons), Lizenz: gemeinfrei (Public domain)
Reproduktion einer Gravierung von Lucas Jennis (1590–1630): 63 (via Wikimedia Commons), Lizenz: gemeinfrei (Public domain)

Drachen in Sagen und Mythos
Reproduktion einer japanischen Darstellung aus dem 19. Jahrhundert: 65
Wolfgang Sauber / CC-BY-SA3.0: 66 (via Wikimedia Commons), lizensiert unter CreativeCommons-Lizenz by-sa-3.0-de, http://creativecommons.org/licenses/by-sa/3.0/de/legalcode
Reproduktion einer Zeichnung von Heinrich Leutemann (1824–1905): 68
Reproduktion eines Ölgemäldes von Hendrick Goltzius (1558–1617) zwischen 1573 und 1617: 70
Reproduktion eines Ölgemäldes nach Salvator Rosa (1615–1673): 72
Kandschwar / CC-BY-SA3.0: 74 (via Wikimedia Commons), lizensiert unter CreativeCommons-Lizenz by-sa-3.0-de, http://creativecommons.org/licenses/by-sa/3.0/de/legalcode
Yellow Lion: 76 (via Wikimedia Commons), Lizenz: gemeinfrei (Public domain), Reproduktion eines Bildes des deutschen Graveurs, Malers und Holzschneiders Hans Sebald Beham (1500–1559)
Reproduktion einer Zeichnung von Cornelis Cort (1533–1578) um 1565: 78

Reproduktion eines Gemäldes des britischen Malers William Blake (1757–1827): 80

Reproduktion eines Ölgemäldes des schweizerischen Malers Johann Heinrich Füssli (1741–1825) von 1788: 82

Reproduktion einer Abbildung auf einem isländischen Manuskript aus dem 17. Jahrhundert: 84

Ad Meskens / CC-BY-SA3.0: 86 (via Wikimedia Commons), lizensiert unter CreativeCommons-Lizenz by-sa-3.0-de, http://creativecommons.org/licenses/by-sa/3.0/de/legal code Reproduktion eines Gemäldes von Gustave Moreau (1826–1898)

Dezidor / CC-BY-SA3.0: 88 (via Wikimedia Commons), lizensiert unter CreativeCommons-Lizenz by-sa-3.0-de, http://creativecommons.org/licenses/by-sa/3.0/de/legal code

Abrasax / CC-BY-SA3.0: 90 oben (via Wikimedia Commons), lizensiert unter CreativeCommons-Lizenz by-sa-3.0-de, http://creativecommons.org/licenses/by-sa/3.0/de/legalcode

Reproduktion einer Zeichnung aus „Historia serpentum et Draconum historia" von Ulisse Aldrovandi (1522–1605): 90 unten

Reproduktion einer Zeichnung von Wenzel Hollar (1607–1677): 92

Reproduktion einer Zeichnung aus dem „Thierbuch" von Konrad Gesner (1516–1565): 94

Der Autor
Klaus Benz, Fotograf, Mainz-Laubenheim: 104

Coverbild: Athanasius Kircher (Drache, Riese) und Albertus Magnus (Einhorn)

Autor Ernst Probst

Der Autor

Ernst Probst, geboren am 20. Januar 1946 in Neunburg vorm Wald im bayerischen Regierungsbezirk Oberpfalz, wurde zunächst Journalist, später Buchautor und schließlich Verleger. Er arbeitete von 1968 bis 1971 als Redakteur bei den „Nürnberger Nachrichten", von 1971 bis 1973 in der Zentralredaktion des „Ring Nordbayerischer Tageszeitungen" in Bayreuth und von 1973 bis 2001 bei der „Allgemeinen Zeitung", Mainz.

In seiner Freizeit schrieb Ernst Probst Artikel für die „Frankfurter Allgemeine Zeitung", „Süddeutsche Zeitung", „Die Welt", „Frankfurter Rundschau", „Neue Zürcher Zeitung", „Tages-Anzeiger", Zürich, „Basler Zeitung, „Salzburger Nachrichten", „Oberösterreichischen Nachrichten", Linz, „Die Zeit", „Rheinischer Merkur", „Deutsches Allgemeines Sonntagsblatt", „bild der wissenschaft", „kosmos", „Deutsche Presse-Agentur" (dpa), „Associated Press" (AP) und den „Deutschen Forschungsdienst" (df). Aus der Feder von Ernst Probst stammen zahlreiche Beiträge der Buchreihe „Geschichten, die die Forschung schreibt", sowie die Bücher „Deutschland in der Urzeit" (1986), „Deutschland in der Steinzeit" (1991), „Rekorde der Urzeit" (1992), „Dinosaurier in Deutschland" (1993 zusammen mit Raymund Windolf), „Deutschland in der Bronzezeit" (1996) und „Nessie. Das Monsterbuch (2002). Insgesamt veröffentlichte er mehr als 200 Bücher, Taschenbücher, Broschüren und E-Books.

Bücher von Ernst Probst

Als Mainz noch nicht am Rhein lag

Archaeopteryx. Die Urvögel aus Bayern

Das Moustérien. Die große Zeit der Neanderthaler

Das Rätsel der Großsteingräber. Die nordwestdeutsche
Trichterbecher-Kultur

Der Höhlenbär

Der Rhein-Elefant. Das „Schreckenstier" von Eppelsheim

Der Ur-Rhein. Rheinhessen vor zehn Millionen Jahren

Deutschland im Eiszeitalter

Deutschland in der Frühbronzezeit

Deutschland in der Mittelbronzezeit

Deutschland in der Spätbronzezeit

Die nordische Bronzezeit in Deutschland

Dinosaurier in Deutschland

Dinosaurier von A bis K. Von Abelisaurus
bis Kritosaurus

Dinosaurier von L bis Z. Von Labocania
bis Zupaysaurus

Höhlenlöwen. Raubkatzen im Eiszeitalter

Johann Jakob Kaup. Der große Naturforscher
aus Darmstadt

Krallentiere am Ur-Rhein. Die Entdeckungsgeschichte
von Chalicotherium goldfussi

Menschenaffen am Ur-Rhein. Paidopithex,
Rhenopithecus und Dryopithecus

Monstern auf der Spur. Wie die Sagen über Drachen, Riesen
und Einhörner entstanden

Nessie. Das Monsterbuch

Rekorde der Urmenschen. Erfindungen, Kunst
und Religion

Rekorde der Urzeit. Landschaften, Pflanzen und Tiere

Säbelzahnkatzen. Von Machairodus bis zu Smilodon

Bestellungen bei: http://www.grin.com